L'ART DE VOYAGER GRATIS

PAR

A. DRADUOG DE SAINT-CLAIR

ÉTUDE DE MŒURS

DEUXIÈME ÉDITION

Augmentée de quelques méditations conçues par l'auteur pendant le cours de ses voyages.

Prix : 2 francs.

PARIS

DENTU, LIBRAIRE-ÉDITEUR

PALAIS-ROYAL

17 et 19, — Galerie d'Orléans, — 17 et 19.

1874

L'ART DE VOYAGER
GRATIS

L'ART DE VOYAGER GRATIS

PAR

A. DRADUOG DE SAINT-CLAIR

ÉTUDE DE MŒURS

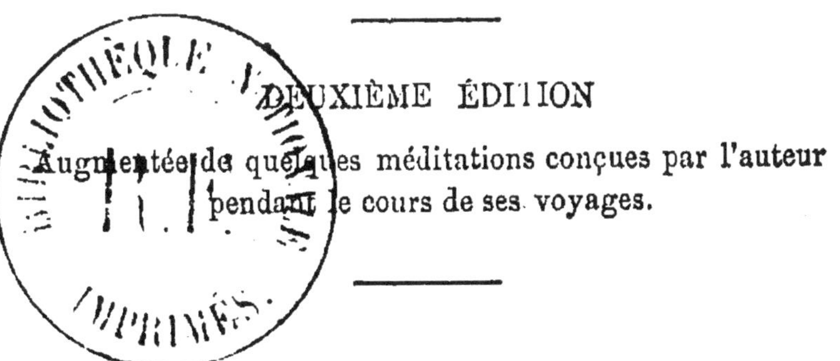

DEUXIÈME ÉDITION

Augmentée de quelques méditations conçues par l'auteur pendant le cours de ses voyages.

Prix : 2 francs.

PARIS
DENTU, LIBRAIRE-ÉDITEUR
PALAIS-ROYAL
17 et 19, — Galerie d'Orléans, — 17 et 19.

1874

AVIS AU LECTEUR

J'ai fait connaître par une note, insérée dans la première édition de cette œuvre les motifs qui m'ont déterminé à employer un pseudonyme pour signature de ladite publication.

Voici la note.

Cédant aux sollicitations de quelques anciens amis, qui ont conservé à Paris les préjugés de la province sur le voyage un peu bohême dont je fais ici le récit, je me décide à l'imprimerie même, au moment du tirage, à intervertir l'ordre des lettres qui composent mon nom patronymique et à signer cet opuscule par un pseudonyme, que j'emploie d'ailleurs parfois dans les journaux. Usant ainsi dans cette circonstance de cette appellation qui par adoption m'appartient, je concilie les devoirs de la signature avec les égards que je dois aux susceptibilités excessives de mes excellents amis; quant au titre de *Saint-Clair* que j'ajoute au pseudonyme parfaitement transparent dont je me sers à cette occasion, c'est simplement le nom de la montagne au pied de laquelle, sous un ciel *clair*, s'élève au bord de la Méditerranée la ville d'où je suis.

. . .

Ceux de mes amis qui m'ont arraché cette transformation de mon nom, voyant maintenant que les lecteurs qui ont percé le pseudonyme dont je me suis couvert, ne m'ont pas ôté leur estime, ces amis, dis-je, m'engagent à reprendre, dans cette édition-ci, mon nom patronymique.

Mais on oublie vite les notes, et auprès des lecteurs qui n'auraient pas gardé souvenir de l'avis qu'on vient de voir, je courrais risque de paraître mon propre plagiaire, si je ne conservais pas mon titre initial. Le pseudonyme dont je me suis servi m'est d'ailleurs devenu précieux, à cause du bon accueil que le public a fait à ma première édition, si rapidement écoulée sous cette appellation; par ces considérants, laissant à mes lecteurs le soin de retourner eux-mêmes l'anagramme, je persiste à employer pour l'édition que voici la même signature que pour la précédente :

A. DRADUOG DE SAINT-CLAIR.

L'ART DE VOYAGER
GRATIS

Voici d'abord quelques explications sur les événements qui m'ont poussé vers des contrées étranges où j'ai pu étudier un peuple bien curieux; je tracerai ensuite quelques scènes de mœurs de ce peuple ignoré, et je terminerai enfin cette notice par des renseignements généraux sur les voies et moyens pour accomplir soi-même ce voyage dans les conditions précitées d'honorable gratuité.

Je fondai, il y a quelques années, dans ma ville natale, un petit journal sous ce titre : « Le Coin du feu. »

Cette bluette bornait son ambition à justifier son modeste sous-titre de journal artistique, lorsque le maire de la localité lui fit l'honneur de l'élever à la hauteur d'un journal politique.

Nous nous étions livrés à un genre d'appréciation interdit, à cette époque draconienne aux journaux dépourvus de cautionnement ; nous avions abordé des questions administratives, et nous avions ainsi touché presque au budget.

Lorsque M. le maire *décrétait* une plantation de tilleuls sur nos places publiques, nous réclamions des ormeaux ; si ce magistrat inclinait vers une plantation d'ormeaux, le *Coin du feu* vociférait : « Des tilleuls ! »

M. le maire, parfaitement honorable personnellement, bienveillant même dans ses relations privées, n'acceptait pas la moindre discussion sur ses actes administratifs ; il proclamait d'ailleurs, en toute circonstance, son infaillibilité avec une bonne foi si parfaite, qu'on ne pouvait lui en vouloir. C'était pour lui un dogme ! Ce magistrat aurait pu prendre en considération le caractère anodin du *Coin du feu*, journal presque aussi intime que son titre; nous avions quarante-cinq abonnés, juste autant que de souscripteurs fondateurs, mais usant de son droit — *summum jus* — M. le maire porta plainte.

Le parquet nous assigna devant la troisième chambre du tribunal civil, jugeant correctionnellement.

Le *Coin du feu* fut condamné à cent francs d'amende pour chaque article incriminé, plus un mois d'emprisonnement qu'il devait subir, comme de droit, dans la personne du gérant; — le gérant c'était moi.

Nous relevâmes appel.

Notre journal était incriminé non pas de délits graves, mais seulement de quelques empiétements sur les limites extrêmes de la loi, d'ailleurs très-restrictive en ce temps-là pour les journaux artistiques qui côtoyaient sans cautionnement les questions administratives; nous professions le respect de la vie privée; nos rédacteurs, tous gens de bonne compagnie, ne plaisantaient pas méchamment; cette impression fut favorable sur les juges du second degré, la cour *infirma* la condamnation prononcée par le tribunal, nous étions absous.....

Pourvoi à *minima* de la part du ministère public, devant la cour de cassation.

La cour suprême cassa le jugement qui nous avait acquittés; une autre cour impériale fut appelée à nous juger.

Cette cour confirma le premier jugement.

Poursuivis à outrance, nous parcourions ainsi, tantôt battants, tantôt battus, toutes les juridictions de l'empire, et nous allions enfin revenir devant la cour de cassation, siégeant en robes rouges, toutes chambres reunies, lorsque les fonds nous manquèrent pour soutenir notre recours.

Dura fames!.....

Notre caissier paya l'amende; directeur-gérant du journal, le mois d'emprisonnement m'incombait. Je purgeai ma condamnation à la maison d'arrêt de la cour où le dernier jugement avait été rendu.

Pourquoi la maison d'arrêt?

C'est que dans cette région les délits de presse étaient tellement rares que l'on n'avait pas songé à y bâtir des prisons pour les délinquants de cette catégorie.

Ne pouvant accepter, en bonne conscience, ma classification parmi les criminels, je pensai que la Providence m'avait poussé dans ces régions étranges pour y remplir l'office de *reporter;* voilà pourquoi j'écris ces lignes.

C'est un bien beau voyage qu'une excursion à la maison d'arrêt!

Que d'études à faire dans ce sous-sol de la société!

Là, vous voyez passer dans le préau tous les types du crime, depuis le simple voyou qui a pris la poche du voisin pour la sienne, jusqu'à l'assassin endurci qui attend l'ouverture de la session des assises où il doit être jugé ; depuis le vagabond qui n'a pas su où passer la nuit, jusqu'au repris de justice qui attend dans cette hôtellerie le passage de la correspondance chargée de le réintégrer au bagne, son domicile légal.

Parmi tous ces conscrits de la guillotine que de têtes on pourrait sauver !

Y songe-t-on ?

Vos prisons manquent de sens chrétien ; uniquement vindicatives, ces institutions païennes enserrent fatalement le corps du prisonnier sans se préoccuper de la régénération de son âme.

Ces réceptacles rendent à la société le condamné puni, mais non pas assaini, et le lancent dans nos cités, flétri d'un passeport *jaune*, brevet d'enrôlement dans la légion des meurtriers.

Défalquez, en effet, les repris de justice de l'actif de l'assassinat dans les annales du crime, il ne restera guère pour quotient que les meurtriers par violence de caractère, en faveur de qui le jury, d'ailleurs, refuse rarement le bénéfice des circonstances atténuantes, même dans les cas aggravants; la fonction de bourreau serait une sinécure sans le contingent des prisons.

Il y a des réformes à faire dans votre régime pénal. Le condamné est un malade que la prison qui l'étreint ne devrait lâcher que guéri.

Assainissez ces égouts et vous pourrez enfin réaliser ce rêve humanitaire :

« L'abolition de l'échafaud. »

Continuons notre rapport.

Les maisons d'arrêt sont soumises à divers régimes, et, selon la localité où elles sont situées, on y vit en cellule ou dans le communisme.

Pourquoi cette diversité de moyens répressifs ou coercitifs pour des délits ou des préventions identiques? ne dirait-on pas que la loi, bienveillante pour les bandits, a voulu leur laisser le choix de leur retraite? Ces gaillards, qui connaissent la géographie des prisons comme la poche de leurs clients, ne manquent pas de profiter de la latitude qui leur est offerte pour se loger à leur convenance dans les domiciles multiples qui leur ont été préparés.

« Gardez-vous, mes enfants, s'écriait un vieux pensionnaire de notre pénitencier en train de faire son cours de criminalité aux jeunes gens du préau, gardez-vous bien de jamais *travailler* dans le ressort d'une cour à prison cellulaire; on devient idiot dans ces loges étroites. — Je ne suis pas de cet avis, répliqua sur-le-champ le chef d'une autre école; dirigez-vous toujours, mes fils, vers les cellules; ici, vous le voyez, on gèle pendant l'hiver, on y grille pendant l'été, — le brigand disait vrai, — les maisons cellulaires ont des calorifères, et puis, c'est plus distingué. — Sans doute, reprit l'autre, mais c'est moins instructif. »

La discussion s'anima.....

Il est un coin du préau, à l'abri du soleil,

où les anciens se réunissent, comme jadis les vieillards à l'ombre des platanes dans les républiques grecques; ces vénérables y devisent en paix sur les plus hautes questions anti-morales et anti-sociales; on traite dans ce cénacle, en fait de délits et de crimes, *de omni re scibili*.

Vos prisons sont des académies!.....

Doué d'un caractère facile, je me liai bientôt avec la haute compagnie de cette basse société.

Un repris de justice me donna des leçons d'*argot* à un cigare le cachet.

Disons, en passant, que l'argot est la langue élégante de ce pays perdu comme un îlot dans l'océan du monde, le français n'est que l'idiome des petites gens de l'endroit.

Le nombre des détenus s'élevait environ, à l'époque dont nous parlons, au chiffre de cent cinquante; ce chiffre d'ailleurs variait avec la population flottante des vagabonds condamnés à des peines légères qui ne faisaient qu'apparaître dans le préau pour faire bientôt place à de nouveaux venus.

Ces jeunes gens — la plupart des condamnés de cette catégorie étaient jeunes — ces jeunes gens dans cette société construite en contre-bas, où chaque individu du monde régulier trouve son opposite, représentaient les touristes qui, sous les latitudes heureuses des terres libres, parcourent les pays lointains.

Aussitôt qu'un de ces voyageurs arrivait dans notre contrée, les bourgeois de la localité se pressaient autour du débarqué pour lui demander des nouvelles des antipodes d'où celui-ci revenait.

Chacun était avide d'apprendre ce qui se passait sur le sol de la liberté.

Le jeune homme se livrait alors à des récits gigantesques.

La foule des bandits demeurait suspendue aux lèvres du narrateur.

« *Intentique ora tenebant*.. »

Lorsque ce journaliste, — pardon de l'expression —avait vidé son sac à *blagues* et à chroniques, les détenus se dispersaient et tout rentrait dans l'ordre accoutumé.

Les prisonniers reprenaient leur marche circulaire.

Aussitôt que le gardien s'éloignait, les jeunes gens jouaient au *cheval fondu.*

Les négociants brocantaient dans un coin du préau la moitié de leur pain contre un bout de cigare, ou bien contre une chique en troisième ou quatrième main.

Les artistes improvisaient des scènes de cour d'assises.

J'ai vu juger Lacenaire à un nouveau point de vue dans cette cour des miracles.

L'ordre des avocats était représenté — moins l'honorabilité — d'une manière remarquable dans ces débats improvisés.

Nos sacripants volaient effrontément jusque aux moindres gestes des célébrités du barreau.

Les sessions étaient précédées d'un grand calme dans le préau.

Rassuré par ce calme trompeur, le gardien quittait-il pour un instant son poste, aussitôt une voix glapissante surgissant du milieu d'un groupe s'écriait :

« Silence ! »

« La cour ! »

« Chapeau bas ! »

Les vieilles houppelandes habilement drapées devenaient aussitôt des robes de magistrats.

Les bonnets rayés par des fils placés de haut en bas, étaient métamorphosés en toques d'avocats, de juges et de greffiers.

On composait un tribunal.

Un impresario chargé des accessoires veillait à tous les détails.

Le président était muni de sa sonnette, une vieille écuelle ornée d'un fer quelconque pour battant.

Le recrutement de la gendarmerie présentait des difficultés ; nul ne voulait être gendarme, mais le doyen du préau nommait d'office à cet emploi, il empoignait le titulaire et l'installait sur-le-champ.

Le gendarme n'avait pas de peine à se procurer un coupable; il prenait au hasard sur le tas.

Les jurés avaient l'air paterne.

Les débats marchaient avec ordre; en jouant à la cour d'assises, ces acteurs se sentaient chez eux.

Les avocats étaient diserts.

« Nous avons des arrêts! » s'écriait un jour un de ces messieurs à bout d'argumentation dans une affaire parfaitement exposée, où le civil était mêlé au criminel.

« Je vous mets au défi, répliqua l'avocat de la partie adverse, de montrer ces arrêts: voyons, citez les dates.

— On me parle de dates, reprit notre orateur, on veut voir les arrêts? les dates, je les ignore; les arrêts, ne les voyez-vous pas gravés sur les fronts indignés des honnêtes gens qui m'écoutent et dont la conscience... »

Tous ces honnêtes gens, à ce mot *conscience*, rirent d'un rire fou.

Le gardien apparut.

Personne ne rît plus ; le tribunal disparut et le préau fut transformé en annexe de l'observatoire.

Le parquet, le prétoire, les gendarmes, les juges, les témoins, le greffier, les jurés et les accusés cherchèrent au firmament des étoiles en plein midi.

Le gardien, croyant que les détenus attendaient une éclipse, alla chercher un verre noir.

Nous avions parmi nous des savants et des philosophes ; cette dernière catégorie se tenait généralement à l'écart.

Je remarquai parmi ces solitaires un jeune homme nommé *Poppo* ou *Peppo*, ou *Beppo*, c'était je crois un Corse qui *avait fait une peau*.

Ce jeune homme ne répondait jamais directement aux questions qu'on lui adressait.

« Quel est votre métier? » demandai-je à ce détenu, un jour qu'il était gai.

Poppo me répondit :

« MORIBOND !!!..... »

Vous le voyez : dans cette société si mêlée, ce n'est pas la monotonie qui tue ; et puis, si on est pris de dégoût ou de nostalgie, on obtient sans trop de difficultés de subir sa détention dans une maison de santé ; cette espèce de commutation de peine est particulièrement à l'usage de ceux qui sont entrés dans ces bouges par la porte d'honneur des vaincus de la presse.

Je dus alléguer une affection morbide quelconque ; naturellement je fis choix d'un rhumatisme chronique, qui n'offre pas de symptômes visibles ; le rhumatisme fut accepté de confiance ; j'obtins bientôt ma translation à l'hôtel-Dieu de la ville de Nîmes.

L'hôtel-Dieu de cette cité est vraiment digne de son titre.

Que j'aime à proclamer la touchante hospitalité des bonnes sœurs de Saint-Joseph, desservantes de cet hospice.

Je me trouvai si bien dans ce modeste asile dont j'ai gardé le souvenir parmi les feuilles les plus roses de mes impressions de voyage, que je sollicitai la faveur, à l'expiration de ma peine, d'y prolonger mon séjour pour achever en paix d'y rédiger mes notes.

Ces bonnes sœurs m'avaient logé dans une longue salle, occupée seulement par huit ou dix malades, qui étaient tous d'ailleurs en voie de guérison.

L'autel de la vierge Marie, placée entre deux fenêtres immenses, qui l'inondaient d'air pur et de lumière, ornait le fond de cette salle.

J'occupais le haut bout — place présidentielle, — à l'autre extrémité de ce vaste local, spécialement consacré aux malades atteints d'infirmités légères et à ceux qui, sortant des griffes de la mort, venaient reprendre place au banquet de la vie.

Je pouvais voir ainsi, en face, à mon réveil, par les deux fenêtres ouvertes, la plaine qui s'étend de Nîmes, la ville romaine, à Aigues-Mortes, la ville de S. Louis.

Des gerbes de lilas foisonnaient sur le tabernacle ; cette fleur si suave, qui paraît des premières aux premiers beaux jours du printemps, répandait ses parfums sur le front de l'Immaculée, et ses tendres couleurs, complétant l'harmonie, faisaient divinement ressortir la figure touchante de la Vierge des Sept-Douleurs.

L'encens fumait à l'aûbe autour du sanctuaire et s'élevait, en spirales blanches, à travers le parfum des fleurs.

Les brouillards descendaient le soir dans la campagne et s'étendaient dans les prairies comme pour en cueillir les parfums.

Les malades jetaient leurs béquilles et bénissaient l'hospice en le quittant.

Le mois de mai était en pleine séve.

Le rossignol chantait.

L'air était transparent.

Tout était harmonie au ciel et sur la terre.....

Vous le voyez, ce voyage à travers les prisons n'a pas la monotonie des voyages vulgaires que vous faites en chemins de fer. Qu'est-ce en effet de nos jours un voyage? c'est un transfert de gare en gare ; la vapeur ayant supprimé les distances a supprimé l'imprévu ; vous croyez être des touristes, vous n'êtes que des colis...

Imitez-moi !

Fondez un petit journal ; insinuez dans cet organe que les lunettes *vertes* de M. le maire ont une signification politique, ou bien que ce n'est pas sans quelque machiavélisme qu'Alcibiade avait coupé la queue à son chien.

Vous aurez commis un énorme délit de presse et vous serez inexorablement poursuivi pour peu que M. le maire ait l'épiderme irritable, et que votre journal n'ait pas de cautionnement.

Vous serez, par suite, très-certainement condamné à une amende de cent francs par chaque article incriminé et à un mois d'emprisonnement.

L'amende est à l'adresse de vos souscripteurs fondateurs ; ces capitalistes auront, pour se consoler de ce léger échec, le noble orgueil d'avoir fondé un journal qui aura eu le courage de mettre en accusation..... les lunettes de M. le maire.

Quant à vous, cher rédacteur-gérant de cette petite feuille, vous ferez, à ce titre, un voyage curieux, et surtout très-économique, car il vous reviendra, pour le premier départ pour la maison d'arrêt, un billet GRATUIT et *obligatoire*.

Ainsi soit-il.

Les délicats me blâmeront peut-être de ce que je proclame sans rougir ma descente dans les prisons ; où est le mal ? où est la honte ? est-ce que l'échafaud qui dans l'ordre pénal est bien plus infâmant que la simple prison, a enlevé à ceux des souverains qui en ont monté les degrés un seul quartier de leur noblesse, et ne tenez-vous pas Louis XVI et Charles Ier pour de parfaits gentilshommes? pourquoi donc rougirais-je, moi sentinelle avancée, envoyée par la Providence pour explorer ces bas-fonds et pour jeter le cri d'alarme sur les dangers sociaux que renferment ces profondeurs, pourquoi donc rougirais-je d'avoir reçu d'en haut cette noble mission? Moi rougir! la crainte du « qu'en dira-t-on? » refoulerait ma voix au fond de ma poitrine et briserait ma plume dans ma main, c'est là que serait la honte!

Au reste, dès mon entrée à la maison d'arrêt il m'eût été facile de prendre une position considérée comme relativement honorable dans cette localité; une personne bienveillante qui vint me visiter, m'engagea, en effet, à demander d'être admis au régime de la pistole, et m'offrit son intervention pour faire aboutir ma requête.

Voici ma réponse :

« Dans le monde où je vivais naguère, je « n'ai jamais sollicité ni places ni distinc- « tions, je ne commencerai pas ici ; je ne « ferai donc pas de démarches pour me faire « classer parmi les gens de marque de cette « léproserie ; je serais heureux, sans doute, « de ma translation dans un milieu mora- « lement plus pur, comme serait un hos- « pice, cet asile des pauvres, mes amis, « mais ici je ne sollicite rien, je subis. »

« *Non possumus.* »

Voilà comment j'ai pu étudier de très-près cette population singulière dont je vous donne ici la description, sinon avec éclat, du moins avec l'exactitude d'un observateur *de visu.*

Quant aux renseignements que vous pourriez me demander sur le régime de l'hospice où j'ai passé les derniers jours de ma détention, ainsi que sur le caractère des habitants de cette localité, ces détails-là seraient sans intérêt pour vous. Autant, en effet, les pensionnaires de la maison d'arrêt avaient été bruyants et excentriques, autant ceux de l'hospice étaient calmes et silencieux. La vie à l'hôtel-Dieu est parfaitement monotone; la pauvreté et la souffrance n'ont pas de côtés saillants. Je fus loin pourtant d'éprouver auprès des braves gens, hôtes de cet asile, le moindre sentiment d'ennui. Je revoyais enfin des figures honnêtes ; je rentrais dans mon élément. Le calme de ce nouveau séjour n'était interrompu que par l'arrivée du docteur; celui-ci s'annonçait tumultueusement; il gourmandait d'abord le concierge; il critiquait ensuite les infirmiers; il sermonnait les bonnes sœurs; c'était d'ailleurs, au fond, le meilleur homme du monde; je suivais la clinique; ayant jadis par occasion fait des études médicales, je hasardais des pronostics; arrivé à mon numéro, je prononçai un jour cette horoscope-ci : « Remarquez bien ce malade, m'écriai-je après m'être gravement tâté le pouls à moi-même; le sujet que voilà entre en convalescence ; il sortira de l'hospice tel jour, à telle heure précise ; tenez cela pour certain.

— Peste ! reprit le docteur, vous êtes bien habile, » et me tâtant le pouls à son tour : « Pulsation régulière, dit-il d'un air narquois, c'est surprenant ; j'ai cru d'abord que vous étiez atteint d'un léger accès de folie, mais il paraît qu'il n'en est rien ; vous êtes un grand savant, puisque vous l'affirmez si bien ; allons, allons, vous êtes un grand savant ! *dignus es intrare in nostro docto corpore.* »

Le docteur P. aimait la gaudriole à ses heures ; sortant moi-même d'une localité excentrique, j'étais en fonds d'extravagances ; nos caractères se plaisaient ; nous causions souvent dans la cour après l'heure de la visite ; le bon docteur appelait ces moments-là « mes heures de récréation. » Mais ses instants étaient comptés. Sa clientèle était nombreuse, et pour surcroît d'occupation, il venait d'être assigné à faire partie du jury aux assises qui allaient s'ouvrir ; la session était très-chargée ; il y avait au rôle plusieurs affaires capitales ; le bon docteur était au désespoir ; partisan en principe de la peine de mort, cet homme convaincu reculait néanmoins comme tant d'autres de ses cosectaires devant l'application de cette peine impie. « Pourquoi faut-il, s'écriait le digne homme, que la loi, faisant violence à mes habitudes, me mette en position d'avoir a prononcer un verdict qui implique la mort d'un homme, moi qui ai voué toute mon existence à formuler des ordonnances pour vivifier les mourants ! » Je fis observer à cet esclave de la loi que la loi même lui laissait la faculté de mitiger son verdict par la voie des circonstances atténuantes, dont l'admission abaisse la peine d'un et parfois même de deux degrés. « Hélas ! reprit le bon docteur, dans les affaires où je peux être appelé à siéger, les circonstances sont toutes aggravantes, et je ne sais pas mentir... »

Nous causâmes longtemps sur ce grave sujet. Le jour baissait lorsque le docteur me quitta; la nuit survint, et l'aube me surprit repassant dans ma conscience les scrupules religieux de cet homme de bien; le docteur appuyait sa doctrine de mort sur l'opinion de plusieurs Pères de l'Église, qui proclament la légitimité de cette pénalité; je me plaçai sur cette question *de libre discussion* directement sous le regard de Dieu, et, sur ce sujet sombre, je fis à ces heures noires les méditations que voici :

MÉDITATIONS

SUR

LA PEINE DE MORT

*
* *

Vox Dei.

L'Éternel au commencement mit au cœur de l'humanité une mystérieuse loi.

Cette loi, appelée « la loi naturelle, » interdisait à l'homme de verser le sang de son frère.

Caïn viola cette défense.

Le suprême législateur réserva pour son tribunal la punition de ce violateur de sa loi ; il le marqua au front d'un signe indélébile et défendit aux hommes de toucher à sa tête.

« DIEU SEUL EST MAITRE DE LA VIE. »

*
* *

Consacré par l'arrêt suprême qui mettait hors de cause en ce monde la tête du premier meurtrier, le principe d'inviolabilité de la vie humaine offrait un caractère d'imprescriptibilité.

Cependant la peine de mort fut inscrite plus tard, au milieu des éclairs et des foudres du Sinaï, aux tables de l'ancienne loi.

Mais le législateur du peuple juif était Dieu, et cette loi exceptionnelle, que l'Éternel édicta par la voix de Moïse pour le gouvernement spécial de son peuple, n'abrogea pas la loi initiale qui interdit le meurtre par toute l'humanité.

*
* *

La réprobation infligée par le souverain maître au fratricide Caïn posa dans l'humanité la limite du droit en matière pénale.

La société ainsi a le droit absolu de se séparer des méchants, et la déportation ou bien la séquestration sont des peines très-légitimes.

Rien au delà.

Mais, attendu qù'il est convenable que les peines soient graduées, et que, dans l'ordre pénitentiaire aussi bien que dans l'ordre moral, il ne faut pas que le simple voleur soit assimilé au meurtrier, l'abolition de la peine de mort implique corrélativement la nécessité absolue d'un remaniement général de notre régime pénal.

*
* *

Comment et à quelle époque la peine de mort s'est-elle glissée dans nos lois, malgré la loi divine qui interdit le meurtre?

Nul ne le sait.

L'origine de la peine de mort se perd dans la nuit des temps.

L'humanité, penchée sous le poids du péché d'Adam, avait perdu le sens des lois primordiales.

L'homme inventa des dieux et leur donna ses vices.

La déesse de la vengeance enfanta le bourreau.

Les populations égarées vécurent sous la loi du sang.

*
* *

Le Christ advint !

La loi nouvelle est toute spirituelle.

Le Rédempteur ne blâma pas les législations établies ; il serait sorti de sa loi s'il avait prescrit des réformes d'un ordre purement civil.

Mais si le Sauveur du monde n'a pas réformé les codes, il en a assaini l'esprit.

*
* *

La doctrine du Christ, ainsi qu'une lumière électrique, jeta des lueurs nouvelles sur les législations païennes.

Les vieilles lois frissonnèrent sous l'éclat de cette lumière et elles abjurèrent leur principe vindicatif.

L'esprit de charité s'empara de la loi.

Cependant l'échafaud est demeuré debout au milieu de cette réforme, comme une protestation contre la loi primordiale et contre les aspirations du Christ.

Les temps de barbarie ont laissé des épaves.....

*
* *

Les réformes sont lentes à s'accomplir...

Les abus sont tenaces; mais la loi du progrès les pousse incessamment en dehors de nos mœurs et de nos habitudes, et la réforme est faite quand la loi intervient.

Le hideux échafaud touche à sa dernière heure.

Ainsi que ces tours féodales démantelées par le poids des siècles, dont on aperçoit les ruines sur les sommets perdus des monts, l'échafaud disloqué ne se montre plus maintenant qu'à de longs intervalles dans des carrefours écartés, comme une chose qui s'en va.

Chaque âge a enlevé une pièce sanglante à l'échafaud primitif.

Les tenailles, la roue, les brodequins,

les brocs, tous ces instruments de vengeance, dont l'échafaud était le couronnement, sont relégués dans nos musées.

Les supplices sont maigres.

L'échafaud s'appauvrit.

*
* *

Le bourreau ne ceint plus le glaive des chevaliers.

Le siècle industriel tue à la mécanique.

La philosophie moderne assiége sans relâche cette mécanique criarde dont les hideux grincements dérangent l'harmonie de notre siècle en progrès.

L'égoïsme bourgeois défend avec terreur ce retranchement de la peur, d'où il croit dominer le crime et faire reculer les complots.

Ces deux vices, la peur et l'égoïsme, invoquent pour soutien de leur sanglant appareil deux points d'appui qui sont :

1° Le droit de légitime défense;

2° L'exemple de la guerre.

Examinons ces deux points.

*
* *

On invoque le droit de légitime défense pour justifier l'échafaud.

Quels sont les priviléges inhérents à ce droit de légitime défense?

Le code Napoléon répond :

« Il n'y a ni crime ni délit lorsque l'homicide, les coups sont commandés par la nécessité *actuelle* de la légitime défense de soi-même ou d'autrui. »

Cette exception à la loi générale qui prohibe le meurtre, n'étant ainsi établie qu'en faveur des individus qui sont dans la nécessité absolue et *immédiate* de donner la mort à autrui, ne peut justifier l'échafaud, qui n'a pas pour sa raison d'être la nécessité du moment, et qui émet d'ailleurs la haute prétention d'être tout à la fois éducateur et pénal.

L'Église, d'autre part, dont il convient

de faire ici mention, puisque, abstraction faite des exigences de la foi, ses prescriptions dans l'ordre moral servent de guide à la majorité des Français, l'Église, d'accord à ce sujet avec la loi laïque, loin de contrarier le principe du respect dû à la vie humaine, tend à le consacrer, puisque tolérant, dans l'espèce dont il s'agit, le meurtre en tant qu'il est un effet, non un but, elle le considère comme un événeme n désastreux.

L'Église a horreur du sang.

Examinons, d'ailleurs, la vie et son essence ; nous connaîtrons ainsi ses devoirs et ses droits.

*
* *

La vie est un don de Dieu.

L'Éternel s'est réservé la nue propriété de cette concession qu'il a faite à sa créature.

Responsable d'un bien confié à sa garde, la créature ainsi a non-seulement le droit, mais aussi le devoir, le cas échéant d'agression, de défendre ce bien à outrance, afin d'être en état de le restituer plus tard à l'appel du propriétaire.

L'accomplissement du devoir de légitime défense peut amener la mort de l'agresseur.

Cette mort est un accident.

L'accident survenu à l'occasion de l'accomplissement d'un devoir porte avec soi son excuse.

L'excuse est la négation du droit.

Le meurtre n'est jamais de droit.

*
* *

Les partisans de la peine de mort in-
oquent, à titre de justification du meurtre
ar le bourreau, non-seulement le droit
e légitime défense, mais aussi l'exemple
e la guerre où le meurtre est préconisé
t le meurtrier honoré.

Les invalides de la jurisprudence, qui
'appuient sur ce fléau pour étayer l'é-
hafaud, ne s'aperçoivent pas qu'ils don-
ent pour soutien à un édifice en ruines
n point d'appui qui, s'y adaptât-il, est
ui-même privé de base.

L'échafaud eût-il, en effet, droit d'appui
ur les meurtres commis en guerre, celle-
i, à son tour, n'a-t-elle pas besoin de se
ustifier du droit qu'elle s'adjuge de trou-
ler le monde chrétien?

Quel rang, dans l'ordre moral, peut-on
n effet assigner à cette glorification du

désordre où la force est nommée « la suprême raison. »

« *Ultima ratio regum.* »

La guerre n'a d'autre objectif que le but ; elle ne s'enquiert pas de la légitimité des moyens.

La guerre est la négation des paroles du Maître qui, bénissant l'univers, adressa à l'humanité ces paroles sacramentelles :

« La paix soit avec vous. »

La guerre est une mauvaise passion des peuples et des rois, qu'il serait bon d'extirper des sociétés fraternelles que le christianisme a créées.

Comment peut-on appuyer les droits de la justice sur les actes d'une passion?

Les instincts de la guerre sont d'ailleurs en opposition aux us de la guillotine.

La guerre cherche la gloire.

Cette vaine fumée masque, du moins, le sang qui coule dans les combats.

L'échafaud tue à froid.

Ainsi que les autres passions, la guerre a des retours honnêtes et généreux.

La guerre répare ses torts.

La guerre honore les morts.

Sur le champ de bataille il n'y a pas de Lesurques.

L'échafaud ne répare rien.

Le meurtre n'est pas d'ailleurs le but où tend la guerre.

Le seul but de la guerre c'est d'abattre l'obstacle.

Le meurtre n'est encore ici que l'accident du principe.

Si la guerre chez les peuples civilisés avait pour but le meurtre, on y empoisonnerait les balles des fusils, de même que chez les peuples sauvages on empoisonne les flèches.

Cependant à la guerre, lorsqu'on peut l'éviter, on ne tue pas l'ennemi, on le fait prisonnier.

L'exemple de la guerre justifie ainsi la prison, mais ne justifie pas l'échafaud.

La guerre non-seulement n'a pas pour but le meurtre, mais elle professe même l'horreur de le commettre.

Pourquoi dans les combats ne tue-t-on pas les blessés quand on n'a pas le temps de les emporter avec soi ?

Les blessés échappés au tumulte de la bataille ne reprennent-ils pas leur rang, au bout d'un certain temps, dans leurs régiments respectifs ?

Cependant le meurtre d'un blessé sur le champ de bataille est réputé acte de barbarie.

Ainsi la guerre ne peut servir d'exemple pour justifier l'échafaud ; cet exemple, en tout cas, serait un mauvais exemple qui pourrait tout au plus prouver que nous sommes encore des barbares.

*
* *

La peine de mort ne peut évidemment puiser sa raison d'être que dans la nécessité de son être.

Mais dans l'ordre moral la nécessité peut-elle être considérée comme loi?

On conçoit très-bien, il est vrai, qu'une société d'athées proclame la nécessité comme suprême loi; il ne peut, en effet, exister de société sans ordre, pas d'ordre sans lois, pas de lois sans principes, et dès lors que l'on est sans Dieu, principe de toute chose, il faut de toute nécessité diviniser un principe et en faire sa suprême loi.

Mais les sociétés chrétiennes, qui tiennent leurs principes de Dieu, ne peuvent abroger les lois initiales que le maître a données au monde, qu'en vertu d'autres lois issues de même source.

Montrez-nous quelque part la loi modératrice de cette loi suprême :

« Tu ne tueras pas. »

*
* *

« La société, dit-on, a le droit et le devoir de vivre.

« Certaines lois découlent de ce droit et de ce devoir.

« La peine de mort est un mal nécessaire.

« C'est la loi de salut public. »

*
* *

N'invoquez pas la nécessité comme loi de salut public.

On va loin avec ce système !!!

Tout ce qui ne peut pas, dans l'ordre social, se rattacher aux lois universelles est un mal dans l'ordre moral.

Le mal n'est jamais nécessaire.

Lorsque les lois sociales sont en opposition aux grandes lois de Dieu, ce ne ont pas celles-ci que l'on doit délaisser, mais ce sont celles-là qu'il y a lieu d'abroger.

*
* *

La société, sans doute, a le droit et le devoir de vivre.

Mais ce devoir et ce droit ont pour corrélation le devoir inhérent à toute société régulière de marcher constamment dans la voie du progrès.

Le progrès social n'est que l'application de plus en plus active aux actes sociaux, des principes générateurs dont la société est issue.

Créatures de Dieu, nous ne pouvons retrouver les principes initiaux de nos relations sociales que dans la loi du Créateur.

*
* *

Gravé au cœur de l'humanité dès l'origine du monde;

Consacré par le sauf-conduit donné plus tard à Caïn ;

Inscrit enfin au décalogue ;

Le principe de l'inviolabilité de la vie humaine porte avec soi le sceau du Créateur,

VOX DEI.

CONCLUSION

PAR L'ABSURDE

CONTRE

L'APPLICATION DE LA PEINE DE MORT

* * *

Plaçons-nous maintenant à un point de vue diamétralement opposé à celui que nous venons de viser; renversons le principe des lois initiales; considérons la société comme notre seul Dieu, ses exigences comme notre seule loi. Soyons utilitaires et voyons où nous conduiront les conséquences de la suprématie de la loi du salut public sur celles que le Créateur a gravées au sein de l'humanité dès l'origine du monde.

Supposons donc qu'au moment de subir sa peine le condamné à mort s'empare du bourreau et le tue; poursuivons la supposition; la grâce du condamné arrive au moment même où le bourreau rend le dernier soupir; cette grâce, advenue à l'heure où le patient allait satisfaire à *la justice des hommes*, n'aura été, supposons-le encore, que la réparation d'une erreur judiciaire, reconnue par le souverain; quoi qu'il en soit d'ailleurs de ses antécédents, le condamné a défendu sa vie et il a tué le bourreau qui voulait la lui enlever.

Que pensez-vous de ce meurtrier?

*
* *

Le délit est flagrant.

L'exécuteur des hautes œuvres, frappé au cœur d'une main sûre, vient d'expirer au champ d'honneur..

Aussitôt la gendarmerie s'empare du meurtrier et le conduit en prison.

Le juge d'instruction interroge le prisonnier.

La chambre des mises en accusation statue.

L'homme est renvoyé aux assises.

*
* *

Le jour du jugement advient.

De nombreux témoins déposent affirmativement sur la matérialité du fait incriminé.

Nul témoin à décharge ne se présente à la barre.

Le procureur général prend la parole et tonne.

« Un crime horrible, s'écrie ce magistrat, un crime horrible a été commis, tel jour, à telle heure, en plein soleil, à la face du peuple.

« Le fait est indéniable.

« Un fonctionnaire public, bon fils, bon père, bon époux, a été odieusement massacré dans l'exercice paisible de sa charge, sans provocation, sans motifs.

« Vainement dira-t-on que l'accusé a voulu défendre sa vie.

« Cet homme ne savait donc pas que sa vie n'était pas à lui, que cette vie condamnée appartenait à la loi?

« Le jury est trop éclairé pour accorder le bénéfice des circonstances atténuantes à un pareil scélérat.

« Tout est aggravant dans la cause.

« Le meurtre, oui ou non, a-t-il été commis sur un fonctionnaire public dans l'exercice paisible de sa charge?

« Le jury n'a pas à se préoccuper de la peine qui découle de son verdict. »

— Le défenseur a la parole.

*
* *

L'avocat chargé de la défense de l'accusé cherche d'abord à s'appuyer sur la loi naturelle pour excuser son client :

« L'accusé, s'écrie l'orateur, l'accusé était en légitime défense... »

Le président, à ces mots, agite sa sonnette et, rappelant au défenseur qu'il n'est pas juge de la loi, l'invite à se renfermer dans la discussion des débats.

Ne pouvant ainsi, d'une part, discuter l'opportunité de la loi, ne pouvant, d'autre part, nier l'évidence du fait incriminé, le défenseur aux abois se rejette sur des généralités et, s'efforçant d'attendrir le jury par un touchant tableau d'intérieur, cet orateur dépeint avec des larmes dans la voix le paisible foyer de l'accusé, où naguère brillaient toutes les vertus domestiques sous le regard de l'aïeul vénéré; il montre la jeune femme faisant régner l'ordre dans le ménage et l'accusé portant exactement le fruit de son travail à la communauté ; sondant ensuite l'avenir, l'habile défenseur jette un regard désespéré sur cette harmonie brisée, sur cette prospérité tarie par l'impitoyable échafaud. « Pourquoi, s'écrie ce défenseur de la veuve et de l'orphelin, pourquoi puniriez-vous une famille entière pour un crime qui n'est pas le sien? Voyez, messieurs les jurés, voyez le vieil aïeul précipité dans la tombe par le supplice de son fils; voyez l'intéressante jeune femme sans pain, sans abri, sans appui ; voyez ces jeunes filles abandonnées aux hasards de la vie, et ces petits enfants obligés de mendier leur pain sur le seuil de l'atelier désert; nous sommes coupables sans doute, la loi le veut ainsi, je m'incline ; nous aurions dû respecter la loi ; nous n'aurions pas dû nous défendre contre l'étreinte du bourreau : aussi nous ne plaidons pas l'innocence absolue, mais nous avons la conviction que, prenant en considération notre profond repentir, le jury ne nous refusera pas du moins le bénéfice des circonstances atténuantes; hélas! qui n'a pas ses faiblesses? mon client tenait à la vie... »

*
* *

Le procureur général se lève et dans une brillante apostrophe ce magistrat s'écrie que les fils du bourreau ne sont pas des bâtards, que ces pauvres enfants vivaient aussi naguère du travail de leur père, tout aussi bien que les fils du farouche assassin dont au nom de la loi il demande la tête ; que ce sont ceux-là qu'il faut plaindre que trop faibles encore pour manier la hache, ces petits orphelins aussi sont nus et abandonnés ; qu'ils sont obligés, eux aussi, d'aller mendier leur pain sur le seuil de la cour d'assises.

Cet argument est sans réplique.

Voyez-vous ces petits agneaux en longs habits de deuil, grouillant au pied de l'échafaud muet et demandant en vain à l'instrument de mort le pain de chaque jour qui soutenait leur vie ?

Pauvres petits !

*
* *

Le président résume les débats.

Le jury se retire dans la salle des délibérations.

Le chef du jury met aux voix les questions posées par la cour.

La majorité des votants, tremblant pour l'ordre social menacé, rend un verdict affirmatif.

La cour rentre en séance.

Le chef du jury ému, la main sur la conscience, devant Dieu et devant les hommes donne lecture du verdict.

Le verdict reste muet sur la question des circonstances atténuantes.

La cour délibère sur l'application de la peine et, combinant entre eux divers articles du Code , condamne l'accusé à la peine de mort.

Le président prononce l'arrêt.

L'accusé a trois jours pour se pourvoir en cassation.

*
* *

La procédure a été régulière, et le pourvoi est rejeté.

Une révolution, sur ces entrefaites, éclate dans le royaume ; la dynastie régnante est renversée ; le souverain clément, qui avait accordé la grâce du condamné lors de son premier crime, est remplacé par un nouveau monarque, qui n'entend pas plaisanterie sur le respect que chaque citoyen doit au fonctionnaire public dans l'exercice de sa charge, et le recours en grâce du meurtrier est cette fois-ci repoussé par sa majesté indignée.

Le condamné monte sur l'échafaud.

*
* *

Ainsi, mon cher lecteur, retenez bien la moralité que voici :

Si jamais, ce qu'à Dieu ne plaise! vous êtes condamné à avoir la tête tranchée, ce qui d'ailleurs peut advenir au plus honnête homme du monde, et, le cas échéant qu'ayant bonne occasion de la mettre à exécution l'idée malhonnête vous vienne d'occire votre bourreau, gardez-vous de céder à cette mauvaise pensée, vous commettriez ainsi un acte indélicat; votre honorable vie en serait entachée; vous seriez condamné une seconde fois, et, de victime pure que d'abord vous auriez été en marchant au supplice, vous descendriez coupable dans la nuit du tombeau.

CONSCIENCE

*
* *

Le parquet n'obtiendrait jamais du jury des condamnations capitales, s'il ne parvenait pas à persuader aux jurés que leur vote n'est qu'une formule; Ne vous préoccupez pas de la peine qui ressort de votre verdict, s'écrie ce magistrat dans ses réquisitoires, ce détail-là ne vous regarde pas. » Le jury, ainsi averti qu'il n'est presque pour rien dans l'affaire, répond affirmativement aux questions qui lui sont soumises, et, la conscience tranquille, s'endort bien convaincu qu'il n'a pas condamné l'accusé sur le crime duquel il vient de statuer. Après quoi la cour fait l'application de la loi au verdict qui vient d'être émis, c'est un détail; la cour ne condamne pas; le bourreau, être inconscient, n'est responsable de rien c'est un rouage de la guillotine; la hache détachée de son point d'appui suit la lo générale de la chute des corps; la tête placée sous la hache tombe d'ici, le corps reste de là; l'homme est ainsi coupé en deux morceaux, mais qui sait? cet homme-là, que vous voyez gisant, peut-être n'est pas mort!

Personne ne l'a tué.

*
* *

La conscience est une reine qui ne peut pas abdiquer; souveraine absolue elle règne par droit divin; sa devise est :

« Dieu et mon droit. »

Quelle n'est donc pas l'irrationalité du ministère public lorsque, s'adressant aux jurés et évoquant leur conscience, ce représentant de la loi émet la haute prétention d'enfermer cette conscience si noble et si altière dans les liens étroits d'un principe absolu !

« Répondez par oui ou par non aux questions que la cour vous pose, dit le ministère public au jury; après quoi votre conscience doit prendre ses vacances, et vous pouvez dormir en paix. »

Mais avant de lui donner congé, examinons de près ce que c'est que la conscience.

*
* *

La conscience est chez l'individu la science de ses propres actes.

Otez à chacun de nous la conscience absolue des actes qu'il accomplit, vous lui ôtez la vie dans son essence.

L'homme est réduit pour lors à l'état de machine.

La doctrine qui proclame que le jury ne doit pas considérer la peine ressortissant de son verdict est une doctrine malsaine.

Cette doctrine est un expédient qui abaisse les consciences, et qui convie l'âme à un suicide moral.

*
* *

Jadis régnait cette doctrine :

« Si veut le roy; si veut la loi. »

Or le roi Charles IX, voulant un jour fêter la Saint-Barthélemy, envoya l'ordre aux gouverneurs de toutes ses provinces d'assassiner les huguenots; le pli était régulier.

« Mandons et ordonnons.

« Nous.

« Le roy.

Respectueux envers leur souverain, ces braves gentilshommes obéirent à l'ordre qu'ils recevaient du roi-loi.

Un seul, dit-on, mettant sa conscience au dessus de la loi, refusa son concours à cet assassinat.

Qui oserait blâmer ce gentilhomme?

*
* *

La conscience aime la ligne droite et répugne aux expédients.

Le parquet défend au jury de jeter ses regards vers l'horizon de ses actes, afin de lui cacher l'échafaud qui répugne à ses convictions.

Voilà l'expédient.

Le jury, mollement soumis à la voix du parquet, clôt doucement sa paupière et marche au but les yeux fermés.

Voilà l'abdication.

*
* *

Conscience, relève-toi ! loi souveraine, loi des lois, tu es la base et le sommet ; nul n'a le droit de te proscrire ; ton domaine est partout ; en tout lieu tu es reine ; tu tiens à la terre et au ciel.....

Chacun, sans doute, doit respecter la loi écrite, et la raison privée a le devoir de s'incliner devant la raison publique que représente cette loi.

Mais il est bon de distinguer la raison de la conscience.

La conscience est au-dessus de la raison des lois.

C'est une loi initiale.

J'accepte ainsi les lois que ma raison ne

comprend qu'avec peine, dès lors que la société les comprend.

C'est là une des nécessités de la vie sociale.

Mais je n'accepterai jamais ce que ma conscience repousse.

« *Etiam si omnes, ego non.* »

PROGRÈS DES MŒURS

*
* *

On vit, jadis, des hommes sages protester contre la torture.

La torture chez nos bons aïeux était aussi considérée comme nécessité sociale.

Les hommes sages qui voulurent expurger nos lois de cette pénalité barbare furent d'abord conspués.

Les juristes de ces vieux temps traitèrent ces réformateurs d'utopistes et même d'ennemis de l'ordre social.

Les grandes dames de l'époque, remplissant d'éclairs leurs beaux yeux, poussaient des cris d'hyène et accusaient ces méchants de vouloir les priver d'un honnête plaisir qui leur faisait passer, dit-on, une heure ou deux.

Ces sauvages criailleries étouffant les cris des victimes de la justice, la torture fut maintenue à cause surtout de la moralité de l'exemple.

Cela n'empêcha pas les crimes d'aller leur train.

*
* *

La torture n'existe plus, le siècle est en progrès, les filles d'Ève devenues plus sensibles délaissent de nos jours les exécutions capitales, comme une distraction trop âcre pour leurs pauvres nerfs délicats; mais quelle ardeur ces désœuvrées ne mettent-elles pas encore à envahir l'enceinte des cours d'assises, afin d'assister du moins aux premières scènes du drame dont l'échafaud est le couronnement!

C'est là que nos élégantes vont étaler leurs plus riches toilettes et répandre leurs plus douces larmes.

Quel honneur pour les scélérats!

Jamais on n'a si bien poétisé le crime.

Aussi voyez comme ils sont fiers, nos héros de la guillotine!

*
* *

L'échafaud est un trône.

L'accusé..... un triomphateur qui a hance de monter au trône.

Les grandes dames du pays occupent ans l'enceinte des cours d'assises, comme es dames d'honneur, des tabourets réser- és.

Rien ne manque au tableau.

Gentilshommes de l'échafaud, les *pic- ockets* de la contrée accomplissent leurs eilles d'armes au milieu du prétoire, et, êlés à la foule, y exercent leur industrie, n attendant que, plus illustres, ils puis- ent chausser l'éperon.

Prenez garde, mesdames, que parmi ces

vaillants, il n'en soit pas quelqu'un qui se pare de vos couleurs!

Rassurez-vous, d'ailleurs, au point de vue de l'art; le drame qui se déroule en ce moment-ci devant vous, ne sera pas le dernier auquel il vous sera loisible d'assister.

Les criminels s'engendrent les uns les autres au feu de vos beaux regards.

Elicabide autem genuit *Lacenaire.*

Lacenaire autem genuit *Philippe.*

Philippe autem genuit *Lemaire.*

Lemaire!... à ce grand nom, mesdames, saluez!

SUJET D'INTERPELLATION

AU MINISTRE DE LA JUSTICE

*
* *

Si j'étais député comme tant d'autres, — ceci n'est pas une réclame, — j'interpellerais le ministre de la justice; je lui dirais :

Monseigneur,

Votre Excellence est décorée du cordon de grand-officier, ou bien, — selon le grade que le sujet occuperait dans la hiérarchie de l'ordre, — Votre Excellence porte la plaque de grand'croix de la Légion d'honneur; certes! jamais honneur ne fut mieux mérité; — je deviendrais flatteur pour les besoins de la cause. — Votre Excellence non-seulement est extrêmement décorée, et elle le mérite; mais elle fait aussi décorer chaque jour la plupart de ses subordonnés avec une surabondance qui prouve la grandeur de ses sentiments généreux.

Mais qui n'a pas ses défaillances?

Vous avez oublié, Monseigneur, de donner la décoration à un fonctionnaire intègre, qui jamais ne vous a demandé le moindre bout de ruban.

Je demande pour cet employé, aussi humble que méritant, le grand cordon de la Légion d'honneur.

Je dépose ma proposition.

Je demande l'urgence.

*
* *

Pourquoi monsieur le ministre n'aurait-il pas le courage de ses opinions? la fonction de bourreau est-elle déshonorante? Proposez, monsieur le ministre, à l'Assemblée nationale une loi pour abolir l'échafaud. La fonction de bourreau est-elle utile et légitime et par conséquent honorable? décorez l'employé intègre qui exerce sa charge avec conscience et honneur.

En bonne république, justice pour tout le monde, même pour le bourreau.

*
* *

Vous n'avez pas, peut-être, monsieur le ministre, le courage de vos opinions, — cela se voit quelquefois; — vous avez peur du blâme de la chambre, — cela arrive souvent. — Ne donnez pas, pour lors, au bourreau le ruban de la Légion d'honneur; mais accordez du moins à ce malheureux fonctionnaire que tout le monde repousse, même ceux qui le prônent, un signe distinctif, en guise de consolation : ornez par exemple, la poitrine de ce citoyen respectable d'une petite guillotine en or, entourée d'une couronne civique avec cet exergue-ci : « Grand justicier de France. » — Le ruban de cette décoration naturellement sera noir.

Vous accomplirez ainsi, monsieur le ministre de la justice, un acte de justice envers un fonctionnaire, que tout juste milieu que peut-être jadis vous ayez été, vous devez en bonne république avouer ou désavouer ; vous satisferez ainsi d'autre part au sentiment populaire qui répudie le bourreau et qui veut le connaître pour, le cas échéant de rencontre avec ce fonctionnaire lugubre, pouvoir en éviter l'approche comme d'un pestiféré.

Le peuple, monsieur le ministre, le peuple dont il faut tenir compte, en bonne république, le peuple, en général, juge les choses avec le sentiment plutôt qu'avec l'esprit, et jusqu'à ce que vous ayez transformé chaque citoyen, — il y en a pour longtemps, — en parfait philosophe, l'exécuteur des hautes œuvres sera toujours pour lui le « bourreau ».

Voyez-vous, monsieur le ministre, voyez-vous cet essaim de jeunes filles rieuses qui, par une belle matinée du printemps, va cueillir dans les champs la fleur de l'aubépine ? les larmes de la rosée, qui scintillent au point du jour sur la cime des herbes vertes et parfumées, rappelleront peut-être à plusieurs de ces étourdies les douces larmes du cœur; mais l'horizon est pur, pas de nuages noirs au printemps de l'année, au printemps de la vie.....

Un homme monte en wagon.

Quel est cet homme?

Quelqu'un le nomme.

C'est le bourreau!

Le vent du simoun n'abat pas plus rapidement dans les plaines d'Afrique les populations alarmées, et ne brise pas mieux les moissons que ce seul mot, « le bourreau, » jeté dans cette fête, ne comprime les cœurs et ne tue la joie : le destin de cet homme est de tuer toujours.......

Épargnez, Monseigneur, à nos populations honnêtes le contact de ce personnage qui, quoi que l'on en dise, sera toujours infamant.

*
* *

Ah! si j'étais ministre, que de réformes j'opérerais! Mais hélas! je ne suis ni ministre, ni conseiller d'État, ni préfet, ni sous-préfet, ni maire, ni commissaire de police, ni même sergent de ville. Aussi tous mes projets mourront probablement sous la forme de rêves, à moins qu'ils ne tombent sous les regards des notabilités précitées, auxquelles, le cas échéant, je confie le soin de les faire aboutir.

In manus tuas, Domine, commendo spiritum meum.

Réflexions générales.

*
* *

Pourquoi les ministres de l'Évangile ne sont-ils pas appelés aux fonctions de juré? Dira-t-on que l'Église a horreur du sang et qu'il n'est pas séant de contraindre les consciences? Ce prétexte est percé à jour par le ministère public lui-même; le parquet, en effet, ne proclame-t-il pas dans ses réquisitoires que le jury n'a pas à se préoccuper de la peine qui découle de son verdict? Pourquoi donc, puisqu'il n'aura à répondre que sur de simples questions de fait, pourquoi le clergé ne réclame-t-il pas le droit sublime qu'on lui dénie de rendre la justice? pourquoi la société a-t-elle dispensé de ce devoir pieux une classe de citoyens relativement éclairée? l'accusé n'est-il pas en droit de protester contre cette exception qui le prive de ses meilleurs juges? Vous croyez être justes et vous éliminez du jury les hommes consacrés au service du *juste!* vous abandonnez les balances de la justice entre les mains des épiciers! Est-ce rationnel, est-ce juste? quelle est donc votre religion? l'image du Sauveur surplombe vos tribunaux: vous saluez l'image, vous reniez l'esprit!....

« Nous avons charge d'âmes, s'écrie le
« clergé, nous sommes absorbés par notre
« ministère, et nous n'avons pas le temps
« ainsi de faire partie du jury. »

Ne dirait-on pas que l'homme assis au banc des accusés est un corps simple, qu'il n'a pas d'âme, et que cette âme, s'il en a une, pour si perverse qu'elle paraisse, n'a pas le droit d'être jugée à sa juste mesure, surtout lorsqu'il s'agit de la peine de mort, sur laquelle on ne revient pas à deux fois? Vous ne craignez donc pas, juges relaps, qui nous prêchez si bien les devoirs de la charité, que ces pauvres âmes, plongées par l'effet de votre abstention dans le gouffre de l'éternité, sans avoir eu le temps de se repentir et de se réconcilier avec Dieu, ne viennent au dernier jour devant la justice suprême vous reprocher de vous être lavés les mains ici-bas de leur condamnation et....... de leur damnation ?

Vous n'avez pas le temps de rendre la justice, ministres de l'Évangile? pourquoi donc prenez-vous chaque année vos vacances? Est-il, en effet, un seul d'entre vous, du moins dans les grandes villes, qui ne se donne périodiquement quelques mois de *villégiature?* Sacrifiez un peu de vos loisirs, hommes de dévouement; le sacrifice, d'ailleurs, sera léger : on est, vous le savez, rarement appelé à faire partie du jury, et les sessions sont de courte durée. Qu'est-ce, en effet, que dix à quinze jours que durent les assises auprès des mois entiers que vous consacrez périodiquement à vos voyages d'agrément? Vous avez, il est vrai, besoin de vous reposer; vous êtes hommes, l'homme n'est pas de fer; mais croyez-vous que les médecins, ainsi que d'autres gens d'état ou de métier, qui sont tenus à exercer la justice, n'aient pas besoin aussi de se reposer, et qu'ils ne préféreraient pas à l'accomplissement du devoir le plaisir de courir les champs? Ces personnages-là pourtant, loin d'invoquer pour se dispenser de siéger sur les bancs du jury, le besoin qu'ils ont de se distraire, ces personnages-là, dans ces circonstances pénibles, remplissent sans hésiter leur charge de citoyens.

Réclamez donc le droit de rendre la justice, ministres de l'Évangile; c'est plus qu'un droit, c'est un devoir. Que diriez-vous, si on vous enlevait le titre d'électeur? vous jetteriez les hauts cris, et lorsqu'on vous dénie le plus saint de vos droits, vous devenez muets? Comment! vous êtes admis à voter au scrutin, vous siégez dans nos parlements, vous écrivez dans nos journaux, vous prêchez la paix, vous prônez la guerre, et vous ne voudriez pas exercer la justice!.....

*
* *

Lorsque la ville où une exécution a eu eu possède une école de médecine, on aporte le supplicié à la salle d'anatomie; ıssitôt que le mort a été déposé sur la table dissection, les phrénologistes s'emparent la tête, les myologistes se disputent sa ıair, surtout s'il est bien musclé; les fanisistes accaparent sa peau pour en faire du arocain : on pouvait voir, en effet, il y a ıelques années, et on y voit probableent encore, clouée aux murs du musée anatomie de l'école de médecine de Montllier, la peau tannée de Rouanet, fameux igand qui opérait vers le commencement ce siècle, dans le département de l'Héult. La science tire parti de tout, elle scalrait l'âme si elle pouvait la saisir; puis rsque la fourmilière des étudiants, dans but très-utilitaire et très-respectable, sans doute, a réduit le sujet en pâte, or jette en terre ces débris qui ont été ur homme, sans marquer même par un simple croix l'humble place où gisent ce restes.

Cependant, la doctrine catholique pro clame, — témoin le bon larron des sainte Écritures, — que si le supplicié (c'était le ca de Rouanet) a quitté cette vie repentant d son crime et muni des secours de l'Églis le brigand le plus endurci est peut être de venu un grand saint. La presse d'autre par cette expression de l'esprit public, lors qu'elle annonce qu'une exécution a eu lie la presse emploie les termes que voici « Le condamné, tel jour et à telle heure, *satisfait à la justice des hommes.*

Puisque cet homme a satisfait à la justic de Dieu et à celle des hommes, il ne do plus rien à personne ; pourquoi donc l enlevez-vous la propriété de son corps ?

Voler un brigand c'est bien laid !

RÉFORME PÉNALE

ET PÉNITENTIAIRE

*
* *

L'urgence d'une réforme radicale du système pénitentiaire actuellement en vigueur est corrélative à l'urgence de la chute de l'échafaud.

C'est un travail d'ensemble à faire.

La peine de l'emprisonnement devrait être non pas temporaire, mais en principe illimitée.

Vous lâchez le chien enragé et vous êtes étonné qu'il vous morde?

Ce n'est pas la gravité du crime, mais la grandeur du repentir qui devrait limiter la durée de l'emprisonnement du coupable.

Quelle sera la preuve du repentir?

— Le travail.

— Qui surveillera le travail?

— Le produit.

Moralisez d'ailleurs le sujet, par l'application constante à son *idiosincrasie* du dogme de la liberté.

La prison n'est qu'une barrière.

C'est le cordon sanitaire qui dans une société bien faite sépare les sains des malsains.

Le travail chez le prisonnier ne doit pas être ainsi obligatoire.

Le travail étant la condition fatale de l'humanité, *pain* et *travail* sont deux termes équivalents.

Mourir de faim en se reposant, ou vivre en gagnant son pain à la sueur de son front, telle est la loi initiale.

Le prisonnier fera librement son choix entre ces deux extrémités.

Nous supprimons par là une des principales causes de l'application de la pénalité du cachot, qui est une torture, et qui prête d'ailleurs aux abus de pouvoir.

Le prisonnier, avons-nous dit plus haut, doit pouvoir abréger sa peine par le mérite du travail, c'est-à-dire par son application constante à pratiquer la vertu opposée au vice, qui, le poussant au crime, l'a fait descendre en prison.

S'il a été plongé par la paresse au fond de cet abîme, le prisonnier pourra par conséquent en remonter les bords par le déploiement d'une activité obstinée.

Si l'esprit de violence l'a séparé de ses frères, la modification de son caractère emporté aura pour effet de ramener le coupable au foyer d'où il est sorti.

Ne riez pas :

N'est-ce pas ainsi que procédait cet attribut de la couronne que l'on nommait « le droit de grâce? » N'est-ce pas à ceux des condamnés qui s'étaient rachetés par un travail constant et par une bonne conduite, qu'en général on appliquait ce droit de la royauté?

Puisque le peuple est souverain, transformez l'attribut royal en droit pour le prisonnier.

Ce droit, d'ailleurs, repose sur un principe chrétien.

La prison doit être un purgatoire et non pas un enfer.

C'est peu de proclamer la liberté et le droit du travail dans le régime des prisons, nous devons aussi adapter au régime pénitentiaire un principe fondamental.

Vous avez fait l'essai du système d'emprisonnement cellulaire, vous avez fait l'essai de l'emprisonnement en communauté, vous avez fait l'essai d'emprisonnement tenant de ces deux régimes, et vous n'avez, en fin de compte, abouti qu'à perfectionner les brigands.

Faites luire l'esprit chrétien parmi ces divers systèmes, et vous les illuminerez tous.

Votre système cellulaire n'a produit que des fous, et vous avez été forcés d'y renoncer.

C'était l'enfer du Dante.

Jetez un rayon d'espérance au milieu de ce désespoir.

Dites au prisonnier que sa cellule a une

porte dont il a lui-même la clef, qu'il lui sera possible ainsi, dès lors qu'il le voudra, — en accomplissant le devoir, — d'aller rejoindre un groupe de *repentants* qui vit en communauté auprès de sa cellule isolée, et que, montant toujours, de groupes en groupes de plus en plus nombreux, de plus en plus moralisés, jusqu'au groupe des *purifiés* qui possède la clef des champs (1), il lui sera possible enfin, par la puissance de la vertu et par la force de sa volonté obstinée, de rentrer tête haute, muni du passeport jaune, transformé en brevet de bonnes vie et mœurs, dans la grande famille dont il fut jadis exilé.

Quelle est, nous dira-t-on, la peine destinée à remplacer l'échafaud ?

La voici :

Sur la cime des monts les plus abruptes vous bâtirez de hautes tours, où vous en-

(1) L'habitation de ce dernier groupe ne sera plus une prison, ce sera un asile où le sujet trouvera le couvert et le pain jusqu'à ce qu'il ait pu retrouver sa place initiale dans l'organisation de la société.

fermerez les meurtriers; ces tours seront sans issues, conformément à l'esprit du jugement de Dieu, qui jadis condamna Caïn à vivre à tout jamais séparé de l'humanité.

L'aspect de la tour « du maudit, » qui se dessinera le soir sur le ciel sombre, moralisera bien mieux la future génération à son retour des champs ou de l'école, que les horribles farandoles que de nos jours on danse, au chant de la *Carmagnole*, à l'ombre de l'échafaud.

Quoi qu'il en soit, ô vous qui de près ou de loin occupez une place dans la fabrique de nos lois, n'imitez pas ces optimistes qui proclament à tout venant que tout est pour le mieux dans le meilleur des mondes possibles, en tant qu'ils y sont d'ailleurs eux-mêmes bien placés.

Soyez révolutionnaires dans la réforme pacifique de votre code pénal.

Évitez les demi-mesures qui dérangent le bien, sans réparer le mal.

Ne rapiécez pas vos codes.

Abattez l'échafaud ; renversez vos prisons, achevez de combler vos bagnes, et sur ces débris du passé élevez, dans un nouveau mode, dominé par l'esprit chrétien, de robustes maisons de santé, pour ces pauvres aliénés que l'on nomme « des criminels. »

RÉFUTATION

D'UNE MAUVAISE PLAISANTERIE

SUR LA PEINE DE MORT

*
* *

Un journal à boutades a émis l'avis que voici :

« Nous sommes prêts à proclamer l'abo-
« lition de la peine de mort, mais que
« messieurs les assassins commencent. »

Cette proposition, qui met les criminels en demeure de moraliser la partie saine de la population, est sans doute comique; mais elle ne peut au fond avoir d'autre portée que de prouver que son auteur a de l'esprit de reste, et qu'il peut en jeter beaucoup par les fenêtres.

Il est bien évident, en effet, que dans l'ordre moral c'est de la classe éclairée que doit jaillir la lumière.

La société a donc le devoir d'opérer des réformes qui réduisent le nombre des assassinats à quelques cas de folie, du ressort des aliénistes.

Les criminels ont, sans doute, des torts envers la société, c'est de la dernière évidence; mais cette société sournoise, n'a-t-elle pas, à son tour, quelque négligence à se reprocher envers les criminels, qu'elle accuse de former une race à part afin d'avoir le droit, non de les réformer, mais de les exterminer?

Les criminels ne sont que des scories sociales.

Organisez mieux vos fourneaux, et il y aura moins de scories; cela regarde d'ailleurs vos ingénieurs d'ordre législatif.

Quoi qu'il en soit, en l'état des choses, voici ce qu'avec le simple sens commnn pourrait répondre le gibier de la cour d'assises au spirituel auteur des *Guêpes* :

« La société nous fait juger par un jury
« incomplet (1); cette marâtre ajoute ainsi

(1) Voir *Réflexions générales*, p. 127.

« aux chances que nous courons de deve-
« nir victimes des erreurs judiciaires, et
« elle augmente par là la population des
« prisons.

« Votre organisation pénitentiaire d'autre
« part ne laisse aux prisonniers contre l'ar-
« bitraire des argousins que la ressource
« du couteau : vous fabriquez ainsi des
« assassins.

« Assez de crimes comme cela.

« Puisqu'il faut que quelqu'un com-
« mence, messieurs les législateurs, com-
« mencez. »

LES TOMBEAUX

*
* *

Tandis que, parcourant les longs couloirs de l'hospice où j'ai été transféré, je me laisse entraîner à ces sombres méditations, je ne m'aperçois pas que l'heure de ma délivrance est prochaine et que déjà nous touchons à la veille de mon départ; ne quittons pas cette paisible demeure, sans adresser du moins un dernier adieu à ses hôtes, sans consacrer d'ailleurs un pieux regret à ses morts; où vont ceux-ci? où allez-vous, pauvres morts, que nul ami n'accompagne? — Nous allons à la fosse commune; nous avons vécu sans abri, nous sommes ensevelis sans tombeaux!!!.....

Pourquoi ce siècle si ami des réformes, si épris de l'égalité, n'oserait-il pas, devant l'égalité incontestable des morts, proclamer aussi l'égalité des tombes?

Voici un avant-projet.

*
* *

Le conseil municipal, dans chaque localité, choisira un terrain convenable, sur lequel il fera bâtir d'après un plan régulier des tombes uniformes.

Cette cité des morts aura, de même que celle des vivants, ses îles, ses ruelles, ses rues et ses squares, et les îles, les ruelles, les rues et les squares de cette ville sépulcrale auront des noms correspondants à ceux de la localité qu'elle desservira et dont elle sera ainsi une exacte reproduction.

Chaque citoyen aura dans cette cité funéraire un asile définitif, correspondant au numéro de la dernière maison qu'il aura habitée dans le lieu de sa résidence.

Ces tombes resteront ouvertes jusqu'au moment de leur emploi ; elles seront fermées aussitôt que le destinataire en aura pris possession.

Il sera aussi facile, ainsi, d'aller visiter les défunts que d'aller voir les vivants ; le concierge d'ailleurs tiendra un état exact de la place des occupants, pour aider la mémoire des visiteurs oublieux.

Le principe de gratuité régira ce royaume des morts.

Nul ne sera admis à payer le prix de son tombeau ; cependant l'homme riche qui tiendra à se distinguer par la somptuosité de sa dernière demeure, ou bien le philanthrope qui aura eu, pendant sa vie, de la sympathie pour les pauvres, et qui voudra n'en être pas séparé à sa mort, seront admis à acheter à la municipalité des tombes dites « d'amis, » dont le prix sera en rapport avec l'élévation du but que l'acheteur se propose, ou bien avec les besoins de la municipalité venderesse de ces tombeaux.

Les tombes d'*amis* prendront rang à la suite de celle du donateur, et contribueront à former avec celle-ci un groupe tumulaire.

Le riche sera un ilier.

La routine ne manquera pas d'objections contre ce nouveau mode de sépulture. Vous voulez donc, nous dira-t-on, vous voulez ressusciter, dans la cité des morts, la féodalité défunte, que notre siècle en progrès a depuis longtemps enterrée ! vous voulez nous montrer la tombe blasonnée, entourée de tombes vassales ! mais, puisque tout citoyen aura droit à la gratuité de la tombe, pourquoi le pauvre irait-il mendier la sienne auprès de l'homme riche qui l'aura achetée à ses deniers comptants et qui, en la lui octroyant, lui fera sentir la suprématie de l'argent? Il est bien évident que les dons de ces tombes dites « d'amis » constituant une aumône envers des gens qui n'en ont pas besoin, ne trouveront pas de preneurs.

— La réponse est facile.

Comment pouvez-vous voir le manoir du seigneur dans cette nécropole où les tombes sont uniformes? Sont-ce les droits féodaux dont le spectre vous effraye? Vous conviendrez du moins que le seigneur de ces contrées sera purement honoraire et essentiellement bienveillant; il ne vous contraindra pas sans doute dans la tombe au service de la corvée, et d'autre part, contrairement aux vieux us, c'est lui qui avant sa mort vous aura fait hommage et payé redevance par l'offre d'un mausolée, tribut de son amitié. Que craignez-vous? ce donateur, il est vrai, en vous les concédant, aura tiré peut-être un peu de vanité du nombre des tombes *d'amis*, destinées à orner sa dernière demeure; il faut bien que l'orgueil de l'homme se place quelque part; on ne peut extirper tout à fait le vice originel de l'âme des fils d'Adam; mais du moins nous déplaçons, chez ce riche, l'infirmité dont nous sommes tous d'ailleurs plus ou moins affligés et nous l'assainissons; nous transportons d'autre part, chez le pauvre, ce malheureux orgueil des régions empestées de l'envie dans les régions sereines de la mutualité. Le citoyen, en effet, que vous appelez un vassal, loin d'être humilié par la juxtaposition de sa tombe à celle du donateur, sera fier au contraire à la pensée qu'il rend service lui-même à celui-ci, en acceptant l'offre qu'il en reçoit, d'habiter près de lui jusqu'à la fin des temps des tombes similaires; non, le pauvre ne sera pas humilié par l'offre que lui fera un frère plus riche que lui, d'une tombe jumelle avec la sienne; je peux faire mon choix, pensera en effet ce pauvre; je peux faire mon choix dans le nombre d'amis, qui me feront hommage de ce symbole d'égalité; je peux aller vers celui-ci; je peux fuir celui-là; je peux repousser même l'offre de l'empereur! « Je ne suis qu'un atome, s'écriera le plus pauvre des chiffonniers; je ne suis socialement qu'un zéro; j'ai roulé sans valeur depuis que je suis né, comme une boule inerte poussée dans les ruisseaux par la main sale de la misère. Je roulerai encore longtemps peut-être avant d'entrer à l'hôpital pour trouver mon lit de repos ; mais ce lit de mort sera mon lit d'honneur; le pauvre zéro enfin acquerra sa valeur; des sages, des financiers, des mathématiciens surtout qui connaissent le prix d'un zéro bien placé, viendront vers moi solliciter l'adjonction de ma tombe à celle de leur pauvre unité; j'ai été méprisé, je serai recherché; on m'a fait l'aumône parfois, je peux donner à mon tour; qui choisirai-je pour ilier? je choisirai le citoyen qui aura secouru ma misère pendant ma vie; mon âme n'oubliera pas le service rendu, et mon corps le constatera. »

Il n'y aura pas, dites-vous, de preneurs pour ces tombes dites « d'amis? »

Vous ne tenez donc pas compte de ces vieux serviteurs, devenus, il est vrai, de jour en jour plus rares, qui, dans les anciennes maisons, suivent, de génération en généation, la génération de leurs maîtres? Croyez-vous que ces *familiers* ne seront pas bien aises de rapprocher leur tombe de celle de la famille à laquelle la leur a été greffée sous l'influence des bienfaits par la puissance du temps?

Vous nous direz peut-être que nous nous appuyons sur des sentiments fantaisistes, empreints d'ailleurs d'un levain d'aristocratie, depuis longtemps démodés.

Prenons d'autres exemples.

Voyez ce vieux soldat qui à l'hôtel des Invalides retrouve son capitaine, lequel au régiment fut toujours bon pour lui; croyez-vous que ce brave, ne fût-ce que par habitude, ne répondra pas à l'appel, et n'aimera pas à penser qu'après son dernier combat avec la vie, ses restes seront placés à leur rang de bataille derrière son chef de file?

On pourrait citer sans fin des exemples de ces sympathies.

Comparons maintenant au triple point de vue artistique, économique et même politique le système que nous proclamons et celui que vous pratiquez.

L'œil au premier aspect est choqué dans vos nécropoles, au point de vue de l'art, par un amas confus de sépulcres incohérents, entassés les uns sur les autres, et dont les rangs pressés, qui semblent se bousculer, représentent d'ailleurs parfaitement l'esprit de leurs habitants, quand ils étaient vivants, pendant les mauvais jours qui précèdent l'émeute.

« Tu me gênes! semble dire ce grand tombeau au petit tombeau son voisin.

— Tu m'écrases! » réplique l'autre.

L'ordre ainsi est troublé chez vous, non-seulement au point de vue de la régularité matérielle de l'ensemble des monuments, mais aussi sous le rapport des sentiments de l'âme des chrétiens qui vont visiter les tombeaux.

Vos nécropoles sont des clubs, il ne leur manque que la parole; — heureux silence!

La paix est le fruit de la mort, l'ordre

est le fruit de la paix. Puisque la paix est faite par la puissance de la mort entre les citoyens de tout rang et de toute sorte, si divisés pendant leur vie, dont les restes peuplent ces tombes, pourquoi n'a-t-on pas construit pour ces réconciliés des demeures plus en rapport avec leur situation actuelle?

L'art n'existe que par l'harmonie.

L'uniformité des tombeaux répond, dans le système que nous proclamons, aux exigences de l'ordre moral aussi bien qu'aux conditions matérielles de régularité de la ligne, notre projet prime donc de bien haut, au point de vue de l'art, l'effroyable anarchie de vos tombes désordonnées.

Vous pourriez d'ailleurs, afin de mieux harmoniser notre funèbre cité avec sa destination, ajouter à la régularité de la ligne de ses constructions funéraires, le prestige de la couleur; les carrières de la ville d'Agde, dont les Romains disaient : « *agata urbs nigra latronum,* » pourront vous fournir, en effet, des pierres extrêmement noires pour l'édification des tombeaux; cette cité, peuplée de nos jours par d'honorables négociants et par des marins actifs, est située sur une rivière, — l'Hérault — qui se jette dans la Méditerranée : les matériaux ainsi dont vous auriez besoin pourraient sans transbordement, et par suite sans de grands frais, arriver à destination à Paris, devenu de nos jours port de mer.

Voici d'ailleurs un aperçu des divers frais de revient du projet que nous proposons :

DEVIS.

Pierres de l'ancien volcan d'Agde, le mètre cube, rendu à quai à . . . 30 fr.

Prix du frêt d'Agde à Paris, la tonne, ou 1000 kilogrammes. . . . . 30 fr.

Nous ferons remarquer que la pierre volcanique d'Agde, pour ainsi dire durcie au feu, est extrêmement consistante quoiqu'en même temps très-légère, et qu'étant moins lourde d'un cinquième, sous le même volume, que la pierre ordinaire, le prix de transport par le fait est diminué d'autant.

La main d'œuvre étant, d'autre part, bien moins élevée dans nos provinces du midi que dans celles du centre et du nord de la France, vous pourriez faire débiter le travail sur place, et recevoir vos tombes toutes faites, d'où il resulterait une autre économie.

Ne comptez-vous pour rien que vous auriez ainsi des tombes d'empereurs?

La pierre d'Agde, sans doute, n'est pas précisément du granit, mais elle s'en approche beaucoup; et, de même que le ruolz sur les tables bourgeoises tient lieu d'argenterie, la pierre volcanique de la montagne d'Agde peut remplacer la pierre impériale pour l'édification des tombeaux qui doivent abriter le peuple souverain. Ces détails-là, du reste, regardent vos architectes.

Poursuivons notre idée.

Un temple aux mille colonnes, construit en marbre blanc et à l'ornementation duquel tous les arts auront apporté leur tribut, s'élèvera brillant au centre de la cité sombre; l'art répugne au désordre, mais il se plaît dans les contrastes, et cet édifice éclatant, voué à l'Éternel, ouvert à l'espérance, sera, à tous les points de vue, un repoussoir heureux aux tombes assombries, où viendront s'engouffrer sans relâche et sans fin les vanités passagères et les joies troublées de ce monde.

Auprès de la mort, la vie!

Un portique majestueux, ouvert à chacune des quatre faces de l'édifice en projet, donnera accès à un sanctuaire voué à chacun des cultes reconnus par la loi; une porte secrète sera d'ailleurs ménagée à un des bas-côtés de cette maison commune de la prière, pour donner passage aux athées, exilés volontaires de la terre promise qui auront envie d'y rentrer.

Sur le terrain des morts ne proscrivons personne, c'est bien assez entre vifs!

Quelque conseiller municipal économe se récriera-t-il contre les frais de construction du temple dont il s'agit? ce citoyen supputera-t-il, d'autre part, le déficit qui résultera pour la caisse municipale de la gratuité des concessions des tombeaux? répondez à cet opposant que les tombes *d'amis* étant tarifées à haut prix, la générosité des acheteurs, aidée d'un peu de vanité permise et sur laquelle il faut compter, comblera au delà le déficit qu'il craint, et que notre projet au point de vue économique défie ainsi toute critique; quant à la question des frais de construction du temple projeté, qui nécessairement devra être splendide, répondez à cet économiste grincheux qu'il n'est pas bienséant que la France chrétienne liarde le denier à Dieu.

C'est surtout au point de vue politique que ressort dans tout son éclat le système que nous exposons : ce système répond en effet à toutes les aspirations populaires qu'il est très-sage de guider, qu'il n'est pas prudent de heurter.

La France n'est pas athée; elle est révolutionnaire; l'esprit révolutionnaire d'ailleurs, tant que les mauvaises passions qu'il faut savoir prévenir, ne l'enveniment pas, n'est qu'une aspiration louable vers le progrès; quoi qu'il en soit, dirigez-vous vers les cimetières le jour des morts, veille de la fête de la Toussaint, suivez la foule et vous pourrez juger ainsi par vous-même des sentiments et des aspirations de la population de Paris.

Les multitudes ce jour-là courent aux cimetières. Chacun cherche ses morts; les gens riches dirigent leurs pas vers le faubourg Saint-Germain des monuments funèbres; les pauvres vont d'un autre côté, vers les quartiers perdus de cette nécropole, chercher la trace effacée où ont été enfouis pêle-mêle les restes de leurs parents; ces citoyens indistinctement entrent au cimetière avec des sentiments réciprouement sympathiques; tous les cœurs ont remplis de larmes; les haines sont oyées dans une commune douleur; mais e pauvre bientôt se sépare du riche pour ller vers la fosse commune prier le Dieu e tout le monde pour ses parents décédés. à, le sens révolutionnaire s'éveille : ce éshérité ne peut s'empêcher de jeter en assant un regard d'envie, pour ainsi dire égitime, sur les tombeaux somptueux dont a misère le sépare. « Qu'ils sont heureux es riches! s'écrie-t-il du fond de sa pensée; u'ils sont heureux ces riches, si à l'aise ans leurs tombeaux! N'auraient-ils pas u jadis, ces richards, en se gênant un peu, aire place à mon père que j'ai enterré là-bas omme un chien?

Ainsi la mort, ce grand type de l'égalité, ui devrait éteindre les haines et rapprocher les distances, la mort, en l'état ctuel des choses, contribue au contraire à ccentuer les causes de division, déjà si multiples, entre les citoyens, et du fond des sépulcres s'élèvent des miasmes d'anta gonisme et surgissent des levains d'envie germes des révolutions.

Examinez, maintenant, notre projet éga litaire, si légitime dans la mort. Voyez ce torrents de vivants allant prier en masse sans distinction de rang, sur les tombe unies qui contiennent les restes de leur parents, ces citoyens entrés tous par l même porte, où ils doivent repasser tou plus tard pour aller reposer dans de tombes égales, n'emporteront-ils pas de c pèlerinage pieux des germes de fraternit saine, qu'ils ne peuvent trouver dans l'or gueil de vos nécropoles, où tous vos mort veulent tenir leur rang?

O révoltés contre la mort, qui vous pla gnez des révoltes du peuple, fraternise du moins dans vos tombeaux avec le pro létaire, fils de Dieu comme vous; révolu tionnez vos sépulcres pour éviter plu tard d'autres révolutions.

Démocratisons les tombeaux.

Loin de priver par là l'homme riche des jouissances de l'orgueil, nous lui en agrandirons les voies, que d'ailleurs nous assainissons, en lui ouvrant les portes de la fraternité. Le luxe d'un grand nombre *d'amis*, en effet, sera aussi dispendieux et, en outre, de bien meilleur goût que vos sépulcres splendides, et sans cesser de constater ainsi sa position d'homme riche, cet ilier acquerra celle d'homme de bien.

L'homme pauvre, d'ailleurs, qui sera trop fier pour accepter l'hospitalité du riche, conservera la faculté d'user du tombeau gratuit qui lui a été consacré initialement dans son logis sépulcral.

Le riche avare, qui ne voudra pas se payer le luxe de quelques tombes *d'amis*, restera à l'écart dans sa tombe de prolétaire.

Ces deux pauvres d'esprit, l'homme fier et l'avare, exilés volontaires de la cité de Dieu, ne bénéficieront pas de la fosse commune.

La fosse commune, désormais, sera l'agglomération des tombes *d'amis*, où dormiront ensemble les pauvres et les riches.

Et quand, au jour du jugement, ces sociétés fraternelles soulèveront la pierre de leurs tombeaux, les anges se réjouiront, et voyant tous ces morts se présenter ensemble devant son trône unis par la charité, le MAITRE, dans sa gloire, les recevra, l'un portant l'autre, au sein de l'éternité.

Amen.

DIALOGUE

ENTRE UN CRITIQUE

ET L'AUTEUR

*
* *

LE CRITIQUE.

Lorqu'un nouveau locataire, dans la cité des vivants, entre dans une maison, l'ancien locataire la quitte pour faire place à celui-là ; mais dans votre cité des morts où le premier occupant prend bail pour l'éternité, que ferez-vous du nouveau venu qui trouvera la place prise quand à son tour il la réclamera ?

L'AUTEUR.

Les vivants qui s'agitent dans ce bas monde ont besoin de beaucoup d'espace pour promener leurs loisirs, mais un mètre en largeur sur deux mètres en longueur suffisent après la mort comme lit funéraire, même à un conquérant qui a parcouru le monde et qui a eu des châteaux partout.

..

Or, supposons une maison ayant cent mètres en façade, il y aura, à ce compte, dans la cité identique des morts, en posant les sujets en largeur, il y aura, disons-nous, à côté du premier occupant et ayant vue sur la rue, place pour cent nouveaux survenants ; et, supposant encore qu'en moyenne les locataires de la maison des vivants ne déménagent de ce monde que tous les dix ans, vous aurez à ce compte dans la cité des morts place pendant mille ans pour les nouveaux arrivants ; et puis... qui vivra verra.

LE CRITIQUE.

Ne réserviez-vous pas les places disponibles pour les tombes d'*amis* destinées à entourer la tombe du défunt que vous appelez un ilier ?

L'AUTEUR.

Nous placerons ces *amis* à la suite du dit ilier, dans le sens de la profondeur du logis mortuaire ; et si la dite maison identique à celle des vivants a aussi cent mètres de profondeur, il y aura place, à raison de deux mètres par pièce, en les posant bout à bout, pour cinquante tombes d'*amis* : cinquante amis! peste! tout le monde n'en a pas autant!

LE CRITIQUE.

Vous ne songez donc pas aux parents des titulaires de ces tombes? où placerez-vous ceux-ci?

L'AUTEUR.

Nous superposerons les sépulcres des parents à celui du chef de la maison; n'est-ce pas ainsi qu'aujourd'hui on agit pour les tombeaux de famille?

Résumé.

Les locataires successifs des maisons de la cité des vivants seront placés successivement côte à côte en façade dans la cité des morts. Leurs amis réciproques seront mis naturellement à leur suite; les sépulcres des membres de la famille seront superposés à ceux du chef de la maison.

LE CRITIQUE.

Mais quand il n'y aura plus place, ni pour ceux-ci, ni pour ceux-là?

L'AUTEUR.

Bah! la fin du monde viendra!...

POST-FACE

*
* *

J'aurais voulu offrir à mes lecteurs des npressions de voyage, moins sombres, ue celles qu'il vient de lire; mais la route ue j'ai parcourue n'est pas faite pour ıspirer des pensées d'une gaieté folle; haque heure, vous le voyez, apporte à ıon esprit des réflexions de plus en plus ıgubres; arrêtons-nous : cependant, uisque dans cette esquisse j'ai touché en ıssant à la question terrible de la peine e mort, qu'il me soit permis avant de uitter la plume de résumer en quelques ots mes douloureuses pensées sur ce ombre sujet, et de présenter au lecteur t extrait, comme le dernier cri de ma nscience alarmée.

*
* *

La légitimité de la peine de mort a été débattue, à diverses époques, au sein du corps législatif, qui a maintenu dans nos lois cette pénalité des vieux temps.

Il y a force de chose jugée.

La question paraît épuisée, mais il existe un tribunal suprême dans le cœur de chaque juré, « la conscience, » devant qui cette question-là devient neuve, chaque fois qu'il s'agit de son application.

Chacun de nous en soi est juge de ses actes.

Avant de prononcer le terrible verdict qui doit faire tomber la tête d'un accusé, l'homme *faillible* se demande :

« Suis-je en droit ? »

Le parquet, voulant refouler le sentiment que chaque juré ressent à cette occasion au fond de son for intime, ne manque pas, dans ses requisitoires, de proclamer cet axiome :

« *Dura lex.....* »

Mais la loi même n'a pas osé dépasser la hauteur de la conscience du juge et elle lui a conféré ce droit :

« L'omnipotence. »

La fonction de juré n'étant qu'accidentelle, il advient très-souvent que le citoyen qui en est inopinément investi, obligé de quitter subitement sa charrue, son comptoir, ses châteaux ou ses parcours de chasse pour monter sur un tribunal, où il devient tout à coup juge, non-seulement d'un fait matériel de criminalité, mais aussi, au point de vue du moins de son application, d'une question sociale qui est encore pendante auprès d'un très-grand nombre de bons esprits ; il advient, disons-nous, que ce malheureux citoyen éprouve, en ces circonstances, un sentiment affreux d'anxiété.

Ce n'est pas sans raison.

La société, en effet, telle qu'elle est organisée avec ses maisons d'arrêt, petits séminaires du bagne, avec ses prisons et ses bagnes, grands séminaires de l'échafaud, avec tant d'autres imperfections qui sont hors de notre sujet, la société, disons-nous, a quelque droit, du moins en apparence, d'exiger, dans certains cas, de la sévérité du jury, l'émission d'un verdict entraînant avec soi l'application d'une peine barbare, conséquence de la barbarie relative de notre organisation sociale, mais la conscience du pauvre juré timoré a d'autres exigences, et celle-ci avant de faire droit se heurte à ce problème :

« La nécessité d'une peine en constitue-t-elle la légitimité? »

Ce conflit de questions contradictoires qui s'offrent simultanément à l'esprit de ce bon juré, constitue pour ce malheureux un horrible supplice.

Tremblant encore au souvenir des irréparables erreurs que, faute d'avoir suffisamment médité sur la peine de mort, j'aurais pu commettre autrefois dans une circonstance où, faisant partie du jury dans une affaire grave, une heureuse récusation vint me tirer d'embarras, je n'ai pas la prétention de publier ici une œuvre de science, mais j'ai du moins la conviction intime de faire une bonne œuvre, en soumettant aux jurés à venir le recueil des pensées qui m'ont été inspirées pendant le loisir des prisons, sur le risque que j'ai couru jadis durant le cours de cette magistrature forcée, à laquelle d'ailleurs tout citoyen français, sauf quelques exceptions, est exposé à être inopinément appelé, et conviant ainsi à ce propos mes collègues d'une époque future à une méditation prévoyante, j'espère les prémunir contre les horribles tourments du doute, et les sauvegarder peut-être de l'amertume tardive des regrets.

FIN.

TABLE

PARIS. — IMPRIMERIE JULES LE CLERE ET Cie, RUE CASSETTE, 29.

IMP. — JULES LE CLERE ET Cie, RUE CASSETTE, 29.

www.ingramcontent.com/pod-product-compliance
Ingram Content Group UK Ltd.
Pitfield, Milton Keynes, MK11 3LW, UK
UKHW020124200726
13856UKWH00002B/723

9 782011 7496